玩美
蛋糕裱花 魔法进阶

梁凤玲（Candy）著

目　录

Chapter 1
进阶准备知识

准备好工具 P12

准备好材料 P16

基础蛋糕坯

海绵蛋糕 P21

慕斯蛋糕 P24

奶油霜的调制

基础奶油霜 P27

法式奶油霜 P28

奶油霜调味 P30

奶油霜混色 P32

准备好裱花嘴

齿形裱花嘴 P34

扁口裱花嘴 P34

圆形裱花嘴 P35

其他造型裱花嘴 P35

Chapter 2
裱花进阶造型

基本造型回顾
P38

进阶造型·四瓣花
P38

进阶造型·百日菊
P40

进阶造型·雏菊
P42

进阶造型·玫瑰花苞
P44

进阶造型·玫瑰
P46

进阶造型·樱花
P48

Chapter 3
小巧可人的纸杯蛋糕

百日菊 P52

雏菊 P54

娇艳欲滴 P56

多肉植物 P58

小仙人掌 P61

目 录

怒放 P64

待放 P66

初生 P68

玫瑰组合 P70

香气宜人 P72

樱花盆栽 P74

绣球盆栽 P76

Chapter 4
浪漫温馨的蛋糕裱花

常规造型蛋糕装饰

爱心彩虹 P82

泡泡浴 P85

荷中仙子 P88

纯真年代 P90

 圣诞狂欢 P92
 向日葵 P95
 花之链 P98
 怦然心动 P100
 雨后初晴 P102

 2D 花环 P106
 雏菊花篮 P109
 我心依旧 P112
 雏菊花束 P114
 俏皮流苏 P116

 献给爱丽丝 P118
 简·爱 P121
 玫瑰树藤 P124
 玫瑰花园 P127
 花之恋 P130

 满园春色 P133
 我心永恒 P136
 玫瑰绣球 P138
 秘密花园 P141
 天使之恋 P144

目 录

 爱的礼物 P147

 缤纷 P150

 梦幻王国 P153

 盛夏 P156

异形蛋糕装饰

 敞篷花车 159

 最爱凯蒂猫 P162

 萌萌凯蒂猫 P165

 圣诞雪人 P167

 唯一的心 P171

 爱意绵绵 P173

 表白 P176

 足球 P179

追求美，是一种生活态度

有幸通过三能器具的合作伙伴认识本书作者Candy——一个来自佛山的心灵手巧的美女，她是美国Wilton（惠尔通）WMI认证导师。第一印象是看到了Candy的裱花作品，小清新的风格瞬间温暖了我。三朵两朵简单的小花，通过颇有心机的色彩搭配和看似随意的摆放，就能让蛋糕华丽变身。我想，只要是略有生活品质追求的人，都会一眼爱上这些温馨可人的甜点。

烘焙真的会让人上瘾，我策划和编辑过不少烘焙书，早忍不住手痒痒买来全套烘焙工具在家小试牛刀。编完Candy的这套书，我又好几度想冲到佛山去找她学习裱花。

这套《玩美 蛋糕裱花魔法入门》和《玩美 蛋糕裱花魔法进阶》是一套非常适合新手学习的奶油霜蛋糕裱花教科书，书里教授的蛋糕装饰都非常简单，收录的都是当下比较流行的韩式裱花款式。它从最基本的工具材料开始，教你一步一步学习蛋糕裱花的基本技法，再学习圆点、星星、波浪、五瓣花、玫瑰花、雏菊等基本裱花造型。学会这些造型，想装饰一款当今流行的韩式蛋糕几乎可以信手拈来。

特别值得一提的是，这本书的每一款作品都明确标明了裱花嘴品牌和型号，让想实践的人不再像看"天书"一样不知从何下手，选对工具选对书，学裱花真的不难。

最后，我还是要隆重推荐想学裱花的朋友们选择这套书，这是我多年来编辑和研究烘焙书籍的良心推荐。书里每一款作品都美美的，图示和讲解都很详细清晰，教学视频能帮助你更直观地学习裱花手法，相信每一个想学习裱花的新手都能从中受益。

感谢Candy的无私分享，感谢合作伙伴三能器具（无锡）有限公司，感谢帅帅的未曾谋面的摄影师。我们都在乐此不疲地追求那些美好的让人心动的事物，不管是裱花、摄影，还是做书。

美食畅销书策划人　周鸿媛

2015年11月于青岛

Chapter 1
进阶准备知识

进阶准备知识

❶ 准备好工具

1	2	3	4
5	6	7	

1. 冷却架

用于放凉蛋糕坯或饼干。

2. 筛网

用于过筛粉状材料。大筛网（直径约 14cm）主要用于过筛面粉；小筛网（直径约 5cm）用于向蛋糕表面筛上装饰用糖粉、可可粉等。

3. 脱模刀、抹刀

脱模刀用于取出蛋糕模具里的蛋糕坯；抹刀用于蛋糕坯抹面。

4. 手动打蛋器 & 电动打蛋器

手动打蛋器一般用于基础混合或打发少量的奶油、黄油等。手持的电动打蛋器一般用于打发量多的材料。

5. 裱花练习板

练习板上有图案、花嘴型号和挤出后的效果图，供初学者临摹裱花。

6. 足球模具

SN6864 模具（足球模具），用于做足球造型蛋糕。

7. 刮刀

用于混合面糊，拌匀打发好的奶油或奶油调色等。一般分为普通耐高温刮刀和硅胶刮刀。

准备好工具

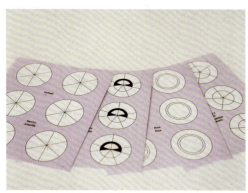

8. 花形贴纸

在花钉上贴好花形贴纸,进行奶油花的制作。

9. 剪刀

用于转移花钉上裱好的奶油花。

10. 蛋糕垫

一般分为圆形和正方形蛋糕垫,用于放置装饰好的蛋糕底托。

11. 液体温度计

可用于测试各种液体的温度。

12. 蛋糕分片器、锯齿刀

蛋糕分片器用于切割蛋糕坯,可将蛋糕坯均匀地分割成几层;锯齿刀也可以用来切割蛋糕坯和分层。

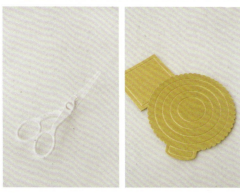

13. 蛋糕转台

蛋糕转台可用于蛋糕坯抹面和裱花,也可以在蛋糕坯分片时起辅助作用。蛋糕转台分为可倾斜转台和普通转台,可倾斜转台在进行蛋糕侧面装饰或拉出淡奶油线条等时起到重要作用。

14. 电子秤

烘焙必备工具,建议选购能够精确到 0.1 克的型号。

15. 花钉、镊子

花钉用于制作奶油花,镊子用于装饰细小的糖珠。

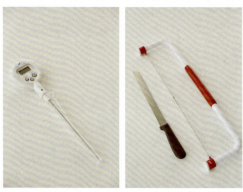

	8	
9	10	
11	12	
13	14	15

进阶准备知识

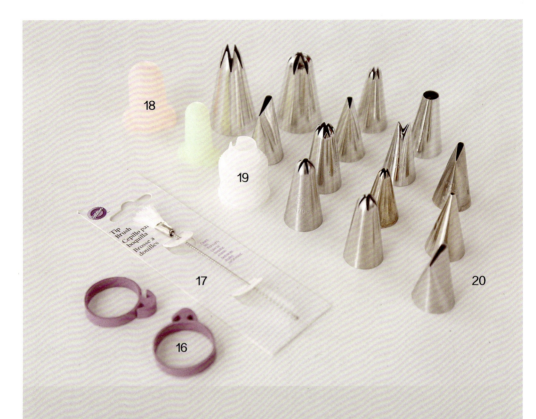

16. 橡皮固定圈
可收紧及固定裱花袋口，防止裱花时奶油溢出。

17. 裱花嘴清洁毛刷
用于疏通裱花时堵塞的奶油或清洁裱花嘴。

18. 裱花嘴硅胶盖
可以随时套在裱花嘴上，防止奶油溢出或防止裱花嘴上的奶油变干。

19. 裱花嘴转换器
用于换装不同型号的裱花嘴，不用更换多个裱花袋。

20. 裱花嘴
用于挤出各种不同造型的奶油花。

准备好工具

21. 芭比娃娃模具
用于做芭比娃娃造型蛋糕。

22. 心形巧克力模具
将隔水加热融化的巧克力倒入模具中,做成心形。

23. 樱花巧克力模具
将隔水加热融化的巧克力倒入模具中,做成樱花。

24. 树藤印花模具
在抹好面的蛋糕表面印出树藤印痕。

25. 心形印花模具
在抹好面的蛋糕表面印出心形印痕。

26. 圆形印花模具
在抹好面的蛋糕表面印出圆形印痕。

27. 蛋糕模具
烤制蛋糕坯时使用的模具,大致可分为普通圆形模具、烟囱模具和不规则慕斯模具等。

28. 麻将印花模具
将融化的巧克力倒入模具中,加入各种色素,可以做出逼真的麻将巧克力。

21	22	23	24
25	26	27	28

❷ 准备好材料

1. 低筋粉

适合做蛋糕、饼干、蛋挞等松散、酥脆、没有韧性的点心。

2. 糖粉

可当作调味品或制作各种美味小吃。也可以用筛网过滤,直接筛在西点成品上作为表面装饰。

3. 砂糖

精炼过的食糖,是一种常用的调味品,也是最常用的甜味剂。

4. 鸡蛋

烘焙蛋糕的主要原料之一。

5. 动物性无盐黄油

是从牛奶中提炼出来的油脂,拥有天然的乳香。

6. 淡奶油

也称"动物性淡奶油""鲜奶油",是由牛奶中的脂肪分离获得的,可用于制作甜点;加入适量的细砂糖打发后,可用于蛋糕装饰、裱花和抹面。

准备好材料

7-1. 可可脂巧克力
可可脂使巧克力具有醇厚的味道和诱人的光泽,并赋予巧克力独特的平滑感和入口即化的特性。

7-2. 可可粉
具有浓烈的可可香气,可用于高档巧克力、冰激凌、糖果、糕点的制作。

8. 吉利丁片
吉利丁片和吉利丁粉广泛用于慕斯蛋糕、果冻的制作,主要起稳定结构的作用。吉利丁片须存放于干燥处,否则受潮会粘结。使用吉利丁片前要先用凉开水泡软。

9-10. 惠尔通色素、惠尔通巧克力色素
用于奶油和巧克力的调色。

11. 惠尔通蛋白粉
制作奶油霜的材料,也可以代替配方中的一部分蛋白。

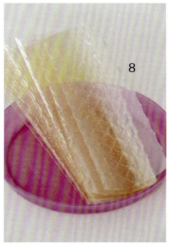
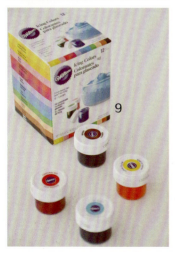

12. 柠檬汁

13. 朗姆酒

14. 咖啡力娇酒

15. 天然香草精

柠檬汁、朗姆酒、咖啡力娇酒、天然香草精：都是用于制作蛋糕或奶油霜的调味剂。

16. 各种装饰糖珠
装点于蛋糕表面。

17. 惠尔通啫喱膏
主要用途为图案转印、填充图案、蛋糕装饰等。开封后必须冷藏保存。

进阶准备知识

❸ 基础蛋糕坯

基础蛋糕坯

海绵蛋糕

材料 Material

鸡蛋3个(约50克/个),细砂糖75克,玉米糖浆14毫升,低筋粉75克,无盐黄油10克,牛奶18毫升

准备 Ready

1. 蛋糕模具底部铺好烘焙用纸。
2. 鸡蛋磕入盆中,放置于室温下。
3. 在锅中加入小半锅水,煮沸。
4. 烤箱预热到160℃。
5. 玉米糖浆隔水加热到约50℃,保温备用。

过程 Step

01

细砂糖加入鸡蛋中,隔热水打发。

02

温度达到40℃时加入玉米糖浆,保持在40℃(温度高了就离开热水,温度下降就继续隔热水操作)继续打发。

进阶准备知识

03

打发到提起打蛋器，滴落的蛋液在液面上画一个"8"不会立刻消失为止。

04-1

04-2

分3次向步骤3的混合物中筛入低筋粉，用橡皮刮刀从盆底向上翻拌均匀。

05

无盐黄油和牛奶隔水加热融化，加入一些步骤4中的面糊拌匀。

06

将步骤5的面糊再倒入步骤4的面糊中，从盆底向上不断翻拌，直至面糊有光泽为止。

07

将面糊倒入蛋糕模具中，轻敲两下，放入烤箱中层以160℃烤制35分钟。

基础蛋糕坯

海绵蛋糕用料表

名称	6寸圆形蛋糕模具	7寸圆形蛋糕模具	8寸圆形蛋糕模具
鸡蛋（约50克/个）	3个	4个	5个
低筋粉	75克	100克	125克
玉米糖浆	14毫升	19毫升	23毫升
牛奶	18毫升	24毫升	30毫升
细砂糖	75克	100克	125克
无盐黄油	10克	13克	17克
烘焙温度	160℃	160℃	160℃
烘焙时间	35~40分钟	40~45分钟	45~50分钟

进阶准备知识

慕斯蛋糕

材料 Material

淡奶油250毫升,细砂糖40克,酸奶100毫升,吉利丁片2片,戚风蛋糕片2片

准备 Ready

蛋糕模具底部铺好锡纸,放入一片戚风蛋糕片,备用。

过程 Step

01

用剪刀剪碎吉利丁片,泡入冷水中。

02-1

02-2

淡奶油中加入细砂糖,打发至六分为止。

基础蛋糕坯

03
捞出泡软的吉利丁片，隔水加热融化。

04-1 **04-2**
将酸奶倒入吉利丁片溶液中，隔水加热，搅拌均匀。

05-1 **05-2**
将酸奶吉利丁混合物倒入打发好的淡奶油中，用刮刀拌匀，制成慕斯糊。

进阶准备知识

06
将一半慕斯糊倒入蛋糕模具。

07
再放上一片戚风蛋糕片。

08
倒入剩余的慕斯糊至装满蛋糕模具为止。

09
蛋糕模具外包一层锡纸,放入冰箱,冷藏4小时或过夜均可。

10
拿出冷藏好的慕斯蛋糕,用电吹风吹一下模具边缘,即可顺利脱模。

④ 奶油霜的调制

基础奶油霜

材料 Material

无盐黄油250克，糖粉80克，炼乳40克，牛奶40毫升，香草精少许

过程 Step

01-1　　　　01-2

无盐黄油放置在室温下软化，加入糖粉，用电动打蛋器搅打约3分钟，直至颜色变浅、呈膨松状为止。

进阶准备知识

02
加入炼乳，继续用电动打蛋器搅打均匀。

03
然后加入牛奶，继续搅打均匀。

04
最后加入香草精，搅拌均匀后即可使用。

法式奶油霜

材料 Material

无盐黄油250毫升，细砂糖80克，牛奶50毫升，淡奶油50毫升，蛋黄3个

奶油霜的调制

过程 Step

01
无盐黄油放置在室温下软化，用电动打蛋器打成顺滑状备用。

02
蛋黄、细砂糖、牛奶、淡奶油放入小锅里，用手动打蛋器搅拌均匀。

03
用小火加热步骤2中的混合物，一边加热一边搅拌。

04
混合物温度达到80℃左右时关火。

05
将冷却的混合物分次加入无盐黄油中，搅打均匀。

06
继续搅打3分钟左右，混合物质地变得顺滑细腻时，即完成法式奶油霜。

进阶准备知识

奶油霜调味

奶油霜的调制

柠檬味奶油霜

材料：新鲜柠檬汁5毫升，打发好的法式奶油霜100克

做法：将柠檬汁和打发好的法式奶油霜混合拌匀即可。

芒果味奶油霜

材料：芒果酱20克，打发好的法式奶油霜100克

做法：将芒果酱和打发好的法式奶油霜混合拌匀即可。

抹茶味奶油霜

材料：抹茶粉5克，打发好的法式奶油霜100克

做法：将抹茶粉和打发好的法式奶油霜混合拌匀即可。

蓝莓味奶油霜

材料：蓝莓酱20克，打发好的法式奶油霜100克

做法：将蓝莓酱和打发好的法式奶油霜混合拌匀即可。

可可味奶油霜

材料：可可粉10克，打发好的法式奶油霜100克

做法：将可可粉和打发好的法式奶油霜混合拌匀即可。

进阶准备知识

奶油霜混色

平均混色

取两个裱花袋，一个装入打发好的奶油霜，一个装入调好色的奶油霜。将两个裱花袋各剪一个小口，一起放入安装好裱花嘴的裱花袋里，即可挤出色彩均匀的混色效果。

Tips: 奶油霜调色请见《玩美 蛋糕裱花魔法入门》第36页。

奶油霜的调制

渐变混色

用小抹刀取一点调好色的奶油霜,薄薄一层均匀抹在安装好裱花嘴的裱花袋里,然后在裱花袋中间装入另一种颜色的奶油霜,即可挤出渐变的混色效果。

01

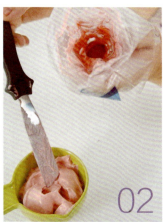
02

03

04

03'

04'

05'

5 准备好裱花嘴

齿形裱花嘴

齿形裱花嘴是做裱花时最常见的裱花嘴,可分为细齿型、粗齿型和不规则齿型,根据齿型大小的不同可以裱出各种造型。例如:星星、贝壳、波浪花纹、2D花等。

Wilton16号　　Wilton18号　　Wilton21号　　Wilton1M号　　Wilton2D号

SN7211号　　SN7221号　　SN7085号　　Wilton67号　　Wilton69号

扁口裱花嘴

又称花瓣形裱花嘴,可用于制作各种形状和大小的花瓣。

Wilton101号　　Wilton103号　　Wilton104号　　Wilton127号

准备好裱花嘴

大小不一,可用于制作各种圆点造型,也可用于裱花写字等。

圆形裱花嘴

Wilton1 号

Wilton2 号

Wilton3 号

Wilton5 号

Wilton7 号

Wilton12 号

可用于制作其他特殊造型。

其他造型裱花嘴

Wilton47 号

Wilton233 号

Wilton352 号

SN7241 号

SN7173 号

Chapter 2
裱花进阶造型

裱花进阶造型

❶ 基本造型回顾

圆点

星星

贝壳

波浪花纹

裙摆褶皱边

叶片

玫瑰花结

玫瑰花蕾

2D花

五瓣花

编者按：以上裱花基本造型请参见《玩美 蛋糕裱花魔法入门》第46~57页。

❷ 进阶造型·四瓣花

材料 Material
打发好的奶油霜

工具
裱花袋，花钉，烘焙用纸

裱花嘴 Nozzle

Wilton103号

Wilton2号

裱花进阶造型

过程 Step

01

在花钉上挤少许奶油霜,放上一张烘焙用纸。安装103号裱花嘴,将打发好的奶油霜装入裱花袋。

02-1

02-2

手握裱花袋,裱花嘴向右倾斜,与花钉呈45°,宽端向内,窄端向外,裱花嘴宽端轻轻抵住花钉的中心位置,右手均匀用力,挤出圆弧形的奶油霜,挤出一个小半圆后向中心收口,挤出第一片花瓣。

03-1

03-2

转动花钉,以此手法挤出第二片花瓣,注意均匀用力,花瓣要大小一致。

04

挤出大小一致的4片花瓣。

05-1

05-2

更换安装2号裱花嘴的黄色奶油霜,在四瓣花中心处挤出一个圆点作为花心。

❸ 进阶造型·百日菊

材料 Material

打发好的奶油霜

工具 Tool

裱花袋，花钉，烘焙用纸

裱花嘴 Nozzle

Wilton104 号　　Wilton2 号

过程 Step

01

在花钉上挤少许奶油霜，放上一张烘焙用纸。安装 104 号裱花嘴，将打发好的奶油霜装入裱花袋。

02

手握裱花袋，裱花嘴向右倾斜，与花钉呈 45°。

裱花进阶造型

均匀用力挤出一小段奶油霜后,来回挤出裙摆褶皱边,挤完一圈后收口。

在挤好的奶油霜上方以此手法再挤出两圈。

更换安装2号裱花嘴的黄色奶油霜,在百日菊的顶部中间挤出几个圆点作为花心。

❹ 进阶造型·雏菊

材料 Material

打发好的奶油霜

工具 Tool

裱花袋，花钉，烘焙用纸，雏菊花形贴纸

裱花嘴 Nozzle

Wilton104 号

Wilton3 号

过程 Step

01

02-1

02-2

在花钉上贴上雏菊花形贴纸，在花形贴纸上挤少许奶油霜，放上一张烘焙用纸。安装104号裱花嘴，将打发好的奶油霜装入裱花袋。

手握裱花袋，裱花嘴向右倾斜，与花钉呈45°，宽端向内，窄端向外，裱花嘴宽端轻轻抵住花形贴纸的中心位置，均匀用力，挤出圆弧形的奶油霜，挤出一个小半圆后向中心收口，制作出第一片花瓣。

裱花进阶造型

转动花钉,以此手法挤出第二片花瓣,注意均匀用力,花瓣要大小一致。挤出大小一致的12片花瓣。

更换安装3号裱花嘴的黄色奶油霜,在雏菊中心处挤出一个圆点作为花心。

❺ 进阶造型·玫瑰花苞

材料 Material

打发好的奶油霜

工具 Tool

裱花袋，花钉，玫瑰花形贴纸，烘焙用纸，剪刀，裱花嘴转换器

裱花嘴 Nozzle

Wilton12号　　Wilton103号

过程 Step

安装裱花嘴转换器和12号裱花嘴，将打发好的奶油霜装入裱花袋。手握裱花袋，距离花钉约3mm，挤出一个圆锥形。

Tips: 裱花嘴转换器的安装请见《玩美 蛋糕裱花魔法入门》第37页。

裱花进阶造型

更换103号裱花嘴，裱花嘴的窄端向上，左手转动花钉，右手持裱花袋紧贴花心处均匀用力挤出一圈奶油霜，包裹住步骤1挤出的圆锥形。

裱花嘴紧贴花心，左手转动花钉，右手由右向左、从高到低挤出一片带弧度的花瓣。

依次挤出3片花瓣。

用剪刀移下花钉上的玫瑰，放在烘焙用纸上即可。

裱花进阶造型

❻ 进阶造型·玫瑰

材料 Material

打发好的奶油霜

工具

裱花袋，花钉，玫瑰花形贴纸，烘焙用纸，剪刀，裱花嘴转换器

裱花嘴 Nozzle

Wilton12号　　Wilton104号

过程 Step

在花钉上贴上玫瑰花形贴纸，在花形贴纸上挤少许奶油霜，放上一张烘焙用纸。

安装裱花嘴转换器和12号裱花嘴，将打发好的奶油霜装入裱花袋。手握裱花袋，距离花钉约3mm，挤出一个圆锥形。

裱花进阶造型

更换 104 号裱花嘴。裱花嘴的窄端向上，左手转动花钉，右手持裱花袋紧贴花心处均匀用力挤出一圈奶油霜，包裹住步骤 2 挤出的圆锥形。

左手继续转动花钉，右手由右向左、从高到低挤出一片带弧度的花瓣。依次挤出 3 片花瓣，作为第一层。

在第一层花瓣外挤出 5 片花瓣作为第二层。挤花瓣时，要紧贴第一层花瓣下方开始挤出。

以此手法，在第二层花瓣外挤出 7 片花瓣作为第三层。用剪刀移下花钉上的玫瑰即可。

裱花进阶造型

❼ 进阶造型·樱花

材料 Material

打发好的奶油霜
打发好的棕色奶油霜
打发好的黄色奶油霜

工具 Tool

裱花袋，花钉，樱花花形贴纸，烘焙用纸，裱花嘴转换器

裱花嘴 Nozzle

Wilton103号　　Wilton3号　　Wilton1号

过程 Step

01　　02-1　　02-2

在花钉上贴上樱花花形贴纸，在花形贴纸上挤少许奶油霜，放上一张烘焙用纸。安装103号裱花嘴，将打发好的奶油霜装入裱花袋。

手握裱花袋，裱花嘴向右倾斜，与花钉呈45°，宽端向内，窄端向外，裱花嘴宽端轻轻抵住花钉的中心位置，右手均匀用力，挤出圆弧形的奶油霜，以挤裙摆褶皱边的手法再挤出一个小半圆后向中心收口。

裱花进阶造型

03

挤出的第一片花瓣。

04-1

转动花钉,以此手法挤出第二片花瓣,注意均匀用力,花瓣要大小一致。

04-2

05

挤出第三片花瓣。

06

均匀用力,挤出大小一致的5片花瓣。

07

安装3号裱花嘴,将棕色奶油霜装入裱花袋,在樱花中心处挤出一个圆点作为花心。

08-1

08-2

安装1号裱花嘴,将黄色奶油霜装入裱花袋,紧挨花心挤一圈花蕊。

Chapter 3
小巧可人的纸杯蛋糕

百日菊

基本造型：百日菊＋圆点
难易度 ★

组合造型装饰

材料 Material

戚风纸杯蛋糕
打发好的奶油霜
打发好的棕色奶油霜

工具 Tool

裱花袋，小抹刀，剪刀

配色 Colour

棕色　粉色　黄色　红色

裱花嘴 Nozzle

Wilton104号　Wilton3号

准备 Ready

1. 取适量打发好的奶油霜分成三等份，分别调成粉色、红色和黄色。
2. 安装104号裱花嘴，将部分粉色和黄色奶油霜装入裱花袋，挤出混色百日菊（混色方法参见第33页）。
3. 将挤好的百日菊放入冰箱冷藏变硬，备用。

过程 Step

01

用小抹刀取适量打发好的棕色奶油霜抹平纸杯蛋糕表面。

02

用剪刀将冷藏变硬的百日菊放在蛋糕中心。

03

安装3号裱花嘴，将红色和黄色奶油霜分别装入裱花袋，围着纸杯蛋糕外缘交替挤出一圈圆点。

小巧可人的纸杯蛋糕

雏菊

基本造型：雏菊＋心形
难易度 ★

组合造型装饰

材料 Material

戚风纸杯蛋糕
打发好的奶油霜
打发好的棕色奶油霜

工具 Tool

裱花袋，小抹刀，剪刀

配色 Colour

宝蓝色　黄色　棕色

裱花嘴 Nozzle

Wilton104号　Wilton3号

准备 Ready

1. 取适量打发好的奶油霜分成二等份，分别调成宝蓝色和黄色。
2. 安装104号裱花嘴，将宝蓝色奶油霜装入裱花袋，挤出雏菊，放入冰箱冷藏变硬，备用。
3. 安装3号裱花嘴，将黄色奶油霜装入裱花袋，备用。

过程 Step

01

在纸杯蛋糕表面涂抹适量打发好的棕色奶油霜，大致抹匀。

02

用剪刀将冷藏变硬的雏菊放在纸杯蛋糕中心。

03

用黄色奶油霜围着纸杯蛋糕外缘挤出一圈心形围边。

小巧可人的纸杯蛋糕

娇艳欲滴

基本造型：五瓣花＋叶片

难易度 ★

组合造型装饰

材料 Material

戚风纸杯蛋糕
打发好的奶油霜
打发好的淡奶油

工具 Tool

裱花袋，剪刀，小抹刀，牙签，
裱花嘴转换器

Wilton1号   Wilton3号

配色 Colour

暗红色　绿色　原白色　黄色

裱花嘴 Nozzle

Wilton103号   Wilton352号

准备 Ready

1. 取适量打发好的奶油霜分成三等份，分别调成暗红色、绿色和黄色。
2. 安装103号裱花嘴，将暗红色奶油霜装入裱花袋，挤出适量五瓣花，放入冰箱冷藏变硬。

过程 Step

01 在蛋糕表面涂抹适量打发好的淡奶油，大致抹匀。

02 用牙签在纸杯蛋糕表面划出树藤的纹路。

03 安装裱花嘴转换器和3号裱花嘴，将绿色奶油霜装入裱花袋，按照纹路挤出树藤。

04 安装3号裱花嘴，将黄色奶油霜装入裱花袋，在树藤旁边点缀上圆点。

05 将冷藏变硬的五瓣花放在挤好的树藤上。

06 装有绿色奶油霜的裱花袋更换352号裱花嘴，在五瓣花边缘挤出叶片。

小巧可人的纸杯蛋糕

多肉植物

基本造型：四瓣花＋叶片

难易度 ★

组合造型装饰

材料 Material

戚风纸杯蛋糕
打发好的奶油霜
打发好的棕色奶油霜

工具 Tool

裱花袋，小抹刀，剪刀

配色 Colour

绿色　深绿色

棕色　玫红色

裱花嘴 Nozzle

Wilton103号　Wilton352号

准备 Ready

1. 取适量打发好的奶油霜分成二等份，分别调成绿色和深绿色。
2. 安装103号裱花嘴，将深绿色奶油霜装入裱花袋，挤出适量四瓣花，放入冰箱冷藏变硬，备用。

过程 Step

01-1

01-2

在纸杯蛋糕表面涂抹适量打发好的棕色奶油霜，大致抹匀。

小巧可人的纸杯蛋糕

02-1　　02-2

用剪刀将冷藏变硬的四瓣花放在纸杯蛋糕中心位置。

03-1　　03-2

安装352号裱花嘴，将绿色奶油霜装入裱花袋，在四瓣花的间隙均匀地挤出叶片。

组合造型装饰

小仙人掌

基本造型：2D 花 + 星星

难易度 ★

小巧可人的纸杯蛋糕

材料 Material

戚风纸杯蛋糕
一小块戚风蛋糕坯
打发好的奶油霜
打发好的棕色奶油霜

工具 Tool

裱花袋，小抹刀，剪刀

裱花嘴 Nozzle

Wilton21号　　Wilton3号

Wilton2D　　Wilton1号

配色 Colour

粉色　深绿色　棕色　原白色

准备 Ready

1. 取适量打发好的奶油霜分成二等份，分别调成粉色和深绿色。
2. 用粉色奶油霜挤出适量2D花（2D裱花嘴），放入冰箱冷藏变硬，备用。

Tips:2D花的挤制请参见《玩美 蛋糕裱花魔法入门》第54页。

过程 Step

01-1
在纸杯蛋糕表面涂抹适量打发好的棕色奶油霜，大致抹匀。

01-2

02
将准备好的小块蛋糕坯放在纸杯蛋糕中心。

组合造型装饰

03-1

03-2

安装 21 号裱花嘴，将深绿色奶油霜装入裱花袋，从蛋糕坯底部用挤星星的手法拉出一小节收口，一层一层向上挤至顶部。

04

05

安装 1 号裱花嘴，将打发好的奶油霜装入裱花袋，在每个仙人掌叶片的尖端处挤上圆点。

将冷藏变硬的 2D 花放在仙人掌顶部，作为装饰。

怒放

基本造型：玫瑰＋叶片

难易度 ★

组合造型装饰

材料 Material
戚风纸杯蛋糕
打发好的奶油霜
打发好的淡奶油

工具 Tool
裱花袋，剪刀

配色 Colour
暗红色　深绿色　原白色

裱花嘴 Nozzle

Wilton1M　Wilton103号　Wilton352号

准备 Ready

1. 取适量打发好的奶油霜分成二等份，分别调成暗红色和深绿色。
2. 安装103号裱花嘴，将暗红色奶油霜装入裱花袋，挤出适量玫瑰，放入冰箱冷藏变硬，备用。
3. 安装1M裱花嘴，将打发好的淡奶油装入裱花袋，备用。

过程 Step

01-1　01-2　01-3

用安装1M裱花嘴的裱花袋紧贴纸杯蛋糕外缘向中心挤一圈，覆盖蛋糕表面。

02

用剪刀将冷藏变硬的玫瑰放在淡奶油上。

03

安装352号裱花嘴，将深绿色奶油霜装入裱花袋，在玫瑰边缘挤出叶片。

小巧可人的纸杯蛋糕

待放

基本造型：玫瑰花苞＋叶片
难易度 ★

组合造型装饰

材料 Material

戚风纸杯蛋糕
打发好的奶油霜
打发好的淡奶油
适量糖珠

工具 Tool

裱花袋，剪刀，小抹刀，镊子

配色 Colour

暗红色　深绿色　原白色

裱花嘴 Nozzle

Wilton103号　Wilton352号

准备 Ready

1. 取适量打发好的奶油霜分成二等份，分别调成暗红色和深绿色。
2. 安装103号裱花嘴，将暗红色奶油霜装入裱花袋，挤出适量玫瑰花苞，放入冰箱冷藏变硬，备用。
2. 安装352号裱花嘴，将深绿色奶油霜装入裱花袋，备用。

过程 Step

01

在纸杯蛋糕表面涂抹适量打发好的淡奶油，大致抹匀。

02

用剪刀将冷藏变硬的玫瑰花苞放在淡奶油上。

03

用深绿色奶油霜在玫瑰花苞之间和边缘挤出叶片。

04

在蛋糕边缘放上一圈糖珠装饰。

初生

基本造型：玫瑰花蕾＋叶片

难易度 ★

组合造型装饰

材料 Material
戚风纸杯蛋糕
打发好的奶油霜
打发好的淡奶油

工具 Tool
裱花袋，剪刀，小抹刀，牙签，裱花嘴转换器

配色 Colour

暗红色　绿色　原白色

裱花嘴 Nozzle

Wilton3号　　Wilton104号　　Wilton352号

准备 Ready

1. 取适量打发好的奶油霜分成二等份，分别调成暗红色和绿色。
2. 安装104号裱花嘴，将暗红色奶油霜装入裱花袋，挤出适量玫瑰花蕾，放入冰箱冷藏变硬，备用。

Tips: 玫瑰花蕾的挤法请见《玩美 蛋糕裱花魔法入门》第53页。

过程 Step

01 在纸杯蛋糕表面涂抹适量打发好的淡奶油，大致抹匀。

02 用牙签在纸杯蛋糕表面划出树藤的纹路。

03 安装裱花嘴转换器和3号裱花嘴，将绿色奶油霜装入裱花袋，按照纹路挤出树藤。

04 用剪刀将冷藏变硬的玫瑰花蕾放在树藤上。

05 装有绿色奶油霜的裱花袋更换352号裱花嘴，在玫瑰花蕾边缘挤出叶片。

玫瑰组合

基本造型：玫瑰 + 叶片

难易度 ★

组合造型装饰

材料 Material
戚风纸杯蛋糕
打发好的奶油霜

工具 Tool
裱花袋，剪刀，裱花嘴转换器

配色 Colour
粉色　绿色　黄色

裱花嘴 Nozzle

Wilton104号　Wilton12号　Wilton352号

准备 Ready

1. 取适量打发好的奶油霜分成三等份，分别调成粉色、黄色和绿色。
2. 用粉色和黄色奶油霜挤出适量玫瑰（104号裱花嘴），放入冰箱冷藏变硬，备用。

过程 Step

01
安装裱花嘴转换器和12号裱花嘴，将打发好的奶油霜装入裱花袋，从外围向纸杯蛋糕中心挤出一圈大圆点。

02
用剪刀将冷藏变硬的玫瑰放在圆点上，错开颜色摆放。

03-1　03-2　04

用打发好的奶油霜在中间位置挤出一个圆点，用剪刀将冷藏变硬的玫瑰放置在顶部。

安装352号裱花嘴，将绿色奶油霜装入裱花袋，在玫瑰的间隙均匀地挤出叶片。

小巧可人的纸杯蛋糕

香气宜人

基本造型：半开玫瑰＋叶片

难易度 ★

组合造型装饰

材料 Material
戚风纸杯蛋糕
打发好的奶油霜

工具 Tool
裱花袋，小抹刀，剪刀

配色 Colour

暗红色　深绿色　原白色

裱花嘴 Nozzle

Wilton103号　Wilton352号

准备 Ready

1. 取适量打发好的奶油霜分成二等份，分别调成暗红色和深绿色。
2. 安装103号裱花嘴，将暗红色奶油霜装入裱花袋，挤出半开玫瑰。
3. 将挤好的半开玫瑰放入冰箱冷藏变硬，备用。

过程 Step

01
在纸杯蛋糕表面涂抹适量打发好的奶油霜，大致抹匀。

02
用剪刀将3朵冷藏变硬的玫瑰花苞放在纸杯蛋糕中心。

03
安装352号裱花嘴，将深绿色奶油霜装入裱花袋，在玫瑰花苞的间隙均匀地挤出叶片。

小巧可人的纸杯蛋糕

樱花盆栽

基本造型：樱花＋叶片

难易度 ★

组合造型装饰

材料 Material

慕斯纸杯蛋糕，一小块戚风蛋糕坯
打发好的奶油霜
打发好的淡奶油

工具 Tool

裱花袋，小抹刀，剪刀

Wilton103号　　Wilton3号

配色 Colour

宝蓝色　棕色　黄色　绿色

裱花嘴 Nozzle

Wilton1号　　Wilton352号

准备 Ready

1. 取适量打发好的奶油霜分成四等份，分别调成宝蓝色、棕色、黄色和绿色。
2. 用宝蓝色、棕色和黄色奶油霜挤出适量樱花（103号、3号、1号裱花嘴），放入冰箱冷藏变硬，备用。

过程 Step

01

把纸杯蛋糕放入容器，在纸杯蛋糕中心位置放上修剪好的蛋糕坯。

02

在纸杯蛋糕表面涂抹适量打发好的淡奶油，大致抹匀。

03

用剪刀将冷藏变硬的樱花放在纸杯蛋糕上。

04

安装352号裱花嘴，将绿色奶油霜装入裱花袋，在樱花边缘和间隙挤出叶片。

绣球盆栽

基本造型：叶片

难易度 ★★

组合造型装饰

材料 Material

慕斯纸杯蛋糕
一小块戚风蛋糕坯
打发好的奶油霜

配色 Colour

 蓝色   淡绿色   深绿色   粉色

工具 Tool

裱花袋，小抹刀

裱花嘴 Nozzle

Wilton67号　Wilton3号　Wilton69号

准备 Ready

取适量打发好的奶油霜分成四等份，分别调成淡绿色、深绿色、蓝色和粉色。

过程 Step

01

在纸杯蛋糕中心位置放上修剪好的蛋糕坯。

02-1　**02-2**　**02-3**

安装67号裱花嘴，将淡绿色奶油霜装入裱花袋，挤出一层叶片，挤的时候叶片彼此之间要紧密一些。

小巧可人的纸杯蛋糕

03

用相同的方法挤出更多的叶片，填满整个纸杯蛋糕表面。

04-1

安装 67 号裱花嘴，将蓝色奶油霜装入裱花袋，在第一层叶片上错落地挤出一些不间断的叶片作为绣球花。

04-2

05

安装 3 号裱花嘴，将粉色奶油霜装入裱花袋，在绣球花中心点缀花心。

06

安装 69 号裱花嘴，将深绿色奶油霜装入裱花袋，在绣球花的间隙均匀地挤出叶片。

Best Wishes

Chapter 4
浪漫温馨的蛋糕裱花

浪漫温馨的蛋糕裱花

爱心彩虹

基本造型：线条

难易度 ★

常规造型蛋糕装饰

材料 Material
6寸戚风蛋糕坯1个
打发好的淡奶油
适量白巧克力币
打发好的奶油霜

工具 Tool
裱花袋，小抹刀，心形巧克力模具，牙签

配色 Colour

红色　蓝色　黄色　橙色　紫色　原白色

裱花嘴 Nozzle

Wilton12号

准备 Ready

1. 蛋糕坯用打发好的淡奶油抹面。
2. 将打发好的淡奶油分成五等份，分别调成蓝色、黄色、橙色、紫色、红色，备用。

过程 Step

01
取适量白巧克力币隔水加热融化，装入裱花袋，挤入心形巧克力模具中，放入冰箱冷藏变硬，备用。

02-1
在蛋糕表面用牙签划出彩虹的分区。

02-2

浪漫温馨的蛋糕裱花

03-1　　03-2　　03-3

将红色淡奶油装入裱花袋，剪一个小口，均匀用力挤出淡奶油，直至填满一个分区。

04-1　　04-2　　05

以此手法将剩下的分区全部填满。

将冷藏变硬的心形白巧克力放在临近彩虹尖端处。安装12号裱花嘴，将打发好的奶油霜装入裱花袋，在蛋糕表面随意挤几个圆点作为白云。

浪漫温馨的蛋糕裱花

材料 Material

6寸戚风蛋糕坯1个
打发好的淡奶油

工具 Tool

裱花袋，娃娃模型1个，小抹刀

配色 Colour

原白色　微蓝色　淡蓝色　蓝色

裱花嘴 Nozzle

Wilton21号

准备 Ready

1. 取适量打发好的淡奶油调成蓝色的渐变色，分别装入裱花袋，备用。
2. 娃娃模型腰身位置用保鲜膜包裹一下，备用。

Tips：渐变色的调制方法请见《玩美 蛋糕裱花魔法入门》第106页。

过程 Step

01

蛋糕坯用打发好的淡奶油抹面。

02-1　02-2

安装21号裱花嘴，将蓝色淡奶油装入裱花袋，围着蛋糕底部挤出两圈星星围边。

03

从第三层开始，所使用的淡奶油需比上两层颜色更淡，以达到渐变色的效果。以此手法挤完整个蛋糕侧面。

04

在蛋糕顶部挤出一圈圈星星围边，由外向内直至挤满蛋糕中心，颜色由深到浅。

常规造型蛋糕装饰

05
将娃娃模型插入蛋糕中。

06
在娃娃身边和身上挤出星星填满空白。

浪漫温馨的蛋糕裱花

荷中仙子

基本造型：百日菊＋圆点

难易度 ★

常规造型蛋糕装饰

材料 Material

6寸戚风蛋糕坯1个
打发好的淡奶油

工具 Tool

裱花袋，蛋糕转台

配色 Colour

原白色　粉色　紫色

裱花嘴 Nozzle

Wilton127号　Wilton3号　Wilton7号

准备 Ready

1. 取适量打发好的淡奶油分成二等份，分别调成紫色和粉色，备用。
2. 蛋糕坯夹馅，用紫色淡奶油抹面，备用。

过程 Step

01-1

01-2

02

安装裱花嘴转换器和127号裱花嘴，将粉色淡奶油装入裱花袋，从蛋糕外缘开始，用挤百日菊花瓣的手法，挤满一圈。

以此手法挤5圈，挤满蛋糕的表面。

03

安装3号裱花嘴，将紫色淡奶油装入裱花袋，在蛋糕中心位置挤出一圈圆点作为花心。

04

将打发好的淡奶油装入裱花袋，安装7号裱花嘴，在蛋糕底边挤出一圈圆点。

浪漫温馨的蛋糕裱花

纯真年代

基本造型：玫瑰花结 + 线条

难易度 ★

常规造型蛋糕装饰

材料 Material
6寸戚风蛋糕坯1个
打发好的淡奶油

配色 Colour

粉色　原白色

准备 Ready

工具 Tool
裱花袋，小抹刀，裱花嘴转换器，蛋糕转台

裱花嘴 Nozzle

Wilton12号　Wilton1M

1. 蛋糕坯用打发好的淡奶油抹面，备用。
2. 取适量打发好的淡奶油调成粉色，备用。

过程 Step

01-1

01-2

01-3

安装裱花嘴转换器和12号裱花嘴，将打发好的淡奶油装入裱花袋，转动蛋糕转台，围绕蛋糕侧面挤一列花篮围边，以此手法将蛋糕侧面填满。在蛋糕顶边挤一圈绳索围边收口。

02
更换1M裱花嘴，围着蛋糕顶部外缘挤出一圈玫瑰花结。

03
安装1M裱花嘴，将粉色淡奶油装入裱花袋，在蛋糕表面的空白位置挤满玫瑰花结。

浪漫温馨的蛋糕裱花

圣诞狂欢

基本造型：
叶片＋星星＋线条
难易度 ★

常规造型蛋糕装饰

材料 Material

6寸戚风蛋糕坯1个
适量蓝莓，适量糖粉
打发好的淡奶油和奶油霜
打发好的棕色奶油霜
圣诞装饰牌

工具 Tool

裱花袋，小抹刀，小筛网

配色 Colour

深绿色　红色　棕色　原白色

裱花嘴 Nozzle

Wilton352号　Wilton18号

准备 Ready

1. 蛋糕坯用打发好的淡奶油抹面，备用。
2. 取适量打发好的奶油霜分成二等份，分别调成深绿色和红色，备用。

过程 Step

01-1

01-2

01-3

安装352号裱花嘴，将深绿色奶油霜装入裱花袋，围着蛋糕顶部外缘挤出一圈叶片围边。

02

在挤好的叶片围边上放几粒蓝莓作为装饰。

03

将红色奶油霜装入裱花袋，剪出一个小口，在叶片围边上挤出几个圆点。

浪漫温馨的蛋糕裱花

04-1　　　　　04-2　　　　　04-3

用深绿色奶油霜在蛋糕表面挤出一些叶片，并装饰上红色小圆点。

05

安装18号裱花嘴，将棕色奶油霜装入裱花袋，在蛋糕表面及叶片围边等处挤出几个星星作为装饰。

06

小筛网中装入适量糖粉，均匀过筛，撒在蛋糕表面。在蛋糕中心插上圣诞装饰牌。

07

用红色奶油霜围着蛋糕底边挤出一圈树藤围边。

常规造型蛋糕装饰

向日葵

基本造型：
星星＋线条＋圆点
难易度 ★★

浪漫温馨的蛋糕裱花

材料 Material

6寸慕斯蛋糕坯1个（长方形蛋糕模具烤制）
打发好的淡奶油
打发好的奶油霜
打发好的棕色奶油霜

工具 Tool

裱花袋，裱花嘴
转换器，小抹刀，
圆形印花模具

Wilton18号　Wilton352号

Wilton233号　Wilton7号

配色 Colour

黄色　绿色　淡绿色　棕色　原白色

裱花嘴 Nozzle

准备 Ready

1. 取适量打发好的淡奶油调成淡绿色，将蛋糕坯抹面，备用。
2. 取适量打发好的奶油霜分成二等份，分别调成黄色和绿色，备用。

过程 Step

01

用圆形印花模具在蛋糕左上角位置印出一个圆形印痕。

02-1

安装18号裱花嘴，将棕色奶油霜装入裱花袋，用挤星星的手法挤满印痕。

02-2

03

安装352号裱花嘴，将黄色奶油霜装入裱花袋，用挤叶片的手法围绕印痕挤出两层叶片。

常规造型蛋糕装饰

04-1　04-2

安装裱花嘴转换器和18号裱花嘴，将绿色奶油霜装入裱花袋，挤出向日葵的茎。

05-1　05-2

装有绿色奶油霜的裱花袋更换233号裱花嘴，在茎底部挤满小草作为装饰。

06

安装5号裱花嘴，将打发好的奶油霜装入裱花袋，在蛋糕底部挤出一圈圆点。在蛋糕顶部右侧挤出大一些的圆点作为云朵。

花之链

基本造型：五瓣花 + 圆点

难易度 ★

常规造型蛋糕装饰

材料 Material
4寸戚风蛋糕坯1个
打发好的淡奶油
打发好的奶油霜

工具 Tool
裱花袋，剪刀，心形印花模具，小抹刀

配色 Colour

黄色　紫色　粉色　原白色

裱花嘴 Nozzle

Wilton103号　Wilton1号　Wilton3号

准备 Ready

1. 取适量打发好的奶油霜分成三等份，分别调成黄色、紫色和粉色。
2. 挤出适量五瓣花（103号裱花嘴），放入冰箱冷藏变硬，备用。
3. 蛋糕坯用打发好的淡奶油抹面，备用。

过程 Step

01
用心形印花模具在蛋糕表面印出一个心形印痕。

02
安装3号裱花嘴，将紫色奶油霜装入裱花袋，按照心形印痕挤出一圈圆点。

03-1

03-2

04
用紫色奶油霜围着蛋糕底部挤出一圈圆点。

用剪刀将冷藏变硬的五瓣花放在挤好的心环上。

浪漫温馨的蛋糕裱花

怦然心动

基本造型：五瓣花 + 叶片
难易度 ★★

常规造型蛋糕装饰

材料 Material

6寸戚风蛋糕坯1个
打发好的淡奶油
打发好的奶油霜

工具 Tool

裱花袋，剪刀

Wilton103号　Wilton1号

配色 Colour

黄色　紫色　粉色　绿色　原白色

裱花嘴 Nozzle

Wilton7号　Wilton352号

准备 Ready

1. 取适量打发好的奶油霜分成三等份，分别调成黄色、紫色和粉色，挤出适量五瓣花（103号裱花嘴），放入冰箱冷藏变硬，备用。
2. 蛋糕坯用打发好的淡奶油抹面，备用。
3. 取适量打发好的奶油霜调成绿色，备用。

过程 Step

01

安装7号裱花嘴，将绿色奶油霜装入裱花袋，在蛋糕表面左侧随意挤出2层月牙状的奶油霜。

02

用剪刀将冷藏变硬的五瓣花放在奶油霜上，覆盖住奶油霜。

03

安装352号裱花嘴，用绿色奶油霜在五瓣花的间隙均匀地挤出叶片。

04

再围着蛋糕底部挤出一圈叶片围边。

05

在蛋糕底边相对花边的一侧也放上几朵五瓣花，再挤上叶片。

浪漫温馨的蛋糕裱花

雨后初晴

基本造型：
五瓣花 + 2D 花 + 圆点
难易度 ★★★

常规造型蛋糕装饰

材料 Material

6寸戚风蛋糕坯1个
打发好的淡奶油
打发好的奶油霜
适量翻糖膏

工具 Tool

剪刀，裱花袋，烘焙用纸，
小抹刀，杯子

配色 Colour

粉色　蓝色　黄色　绿色　原白色

Wilton103号　Wilton1号　Wilton2D

裱花嘴 Nozzle

Wilton3号　Wilton12号　Wilton352号

准备 Ready

1. 裱花袋分别安装103号和2D裱花嘴，取适量打发好的奶油霜分成三等份，分别调成粉色、蓝色和黄色，装入裱花袋，挤出适量五瓣花和2D花，放入冰箱冷藏变硬，备用。
2. 安装12号裱花嘴，取适量打发好的淡奶油霜调成蓝色，装入裱花袋，备用。
3. 安装352号裱花嘴，取适量打发好的淡奶油霜调成绿色，装入裱花袋，备用。
4. 蛋糕坯夹馅，用蓝色淡奶油抹面，备用。

过程 Step

01-1

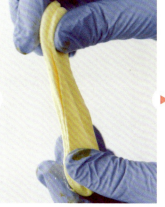
01-2

01-3

取适量翻糖膏分成七等份，取其中一份加少许黄色色素，反复揉搓直至混色均匀，呈面团状。

浪漫温馨的蛋糕裱花

02-1

将黄色翻糖面团揉搓成细长条。

02-2

03

将剩下6个翻糖面团分别调成其他六种颜色，也揉搓成细长条，长度保持一致，并排粘在一起。

04

在杯子上垫一块烘焙用纸（防止粘连），放上排列好的翻糖膏压弯。在缝隙间涂一点热水，取下翻糖膏。

05-1

将塑好形的彩虹翻糖膏放在蛋糕中心位置。

05-2

安装12号裱花嘴，将打发好的淡奶油装入裱花袋，在彩虹底部周围挤出一些圆点作为云朵。

常规造型蛋糕装饰

06
在蛋糕侧面的空白位置挤出一些不规则圆点，作为云朵。

07
用剪刀将冷藏变硬的奶油花放在蛋糕顶部外缘。

08
用装有绿色淡奶油的裱花袋在奶油花的间隙均匀地挤出叶片。

09
用装有蓝色淡奶油的裱花袋在蛋糕底部挤出一圈圆点。

常规造型蛋糕装饰

材料 Material

6寸慕斯蛋糕坯1个
打发好的奶油霜

配色 Colour

粉色　黄色　绿色

工具 Tool

裱花袋，剪刀，
圆形印花模具，
裱花嘴转换器

裱花嘴 Nozzle

Wilton3号　Wilton352号

Wilton2D　Wilton7号

准备 Ready

1. 取适量打发好的奶油霜分成二等份，分别调成粉色和黄色，挤出适量2D花（2D裱花嘴），放入冰箱冷藏变硬，备用。
2. 取适量打发好的奶油霜分成二等份，分别调成粉色和绿色，备用。

过程 Step

01

用圆形印花模具在蛋糕中心印出圆形印痕。

02-1

02-2

安装裱花嘴转换器和3号裱花嘴，将粉色奶油霜装入裱花袋，按照印痕挤出一圈心形。

03

将冷藏变硬的2D花放在挤好的圆环上。

浪漫温馨的蛋糕裱花

04-1 04-2
安装 352 号裱花嘴，将绿色奶油霜装入裱花袋，在 2D 花边缘挤出叶片作为装饰。

05
装有粉色奶油霜的裱花袋更换 7 号裱花嘴，围着蛋糕顶边挤出一圈圆点。

06-1 06-2
再围着蛋糕底边挤出一圈黄色圆点。

雏菊花篮

基本造型：雏菊＋线条

难易度 ★★

浪漫温馨的蛋糕裱花

材料 Material

6寸戚风蛋糕坯1个
打发好的奶油霜
打发好的淡奶油
巧克力生日牌

配色 Colour

紫色　黄色　原白色

工具 Tool

裱花袋，剪刀

Wilton18号　Wilton104号

裱花嘴 Nozzle

Wilton103号　Wilton3号

准备 Ready

1. 取适量打发好的奶油霜调成黄色，淡奶油调成紫色。
2. 安装104号裱花嘴，将黄色奶油霜装入裱花袋，挤出雏菊，放入冰箱冷藏变硬，备用。
3. 安装18号裱花嘴，将紫色淡奶油装入裱花袋，备用。

过程 Step

用紫色淡奶油在蛋糕侧面从顶部向底部挤出一条竖向树藤，再以它为中心从底部向顶部横向挤出若干条短树藤，两条树藤之间间隔一条横向树藤的宽度。

再从顶部向底部挤出第二条竖向树藤，要压住所有横向树藤的一端。以第二条竖向树藤为中心，以第一条竖向树藤为起点，从蛋糕底部向顶部挤出若干条横向树藤，且与第一列横向树藤交错。

常规造型蛋糕装饰

以此手法将蛋糕侧面填满。

在蛋糕顶边挤一圈绳索围边收口。　　　　　　　　　　　　在蛋糕底边挤一圈绳索围边收口。

将冷藏变硬的雏菊放在蛋糕顶层围边上。　　在蛋糕中心空白处挤出一小段紫色淡奶油。　　放上巧克力生日牌。

浪漫温馨的蛋糕裱花

我心依旧

基本造型：
雏菊＋五瓣花＋叶片
难易度 ★

常规造型蛋糕装饰

材料 Material

4寸戚风蛋糕坯1个
打发好的淡奶油
打发好的奶油霜

配色 Colour

黄色 绿色 淡绿色 紫色

工具 Tool

裱花袋，剪刀，小抹刀

Wilton103号　Wilton1号　Wilton104号

裱花嘴 Nozzle

Wilton3号　Wilton5号　Wilton352号

准备 Ready

1. 取适量打发好的淡奶油分成二等份，分别调成绿色和淡绿色。安装352号裱花嘴，将绿色淡奶油装入裱花袋，备用；用淡绿色淡奶油将蛋糕坯抹面，备用。
2. 取适量打发好的奶油霜分成二等份，分别调成紫色和黄色。用紫色奶油霜挤出适量五瓣花（103号、1号裱花嘴），用黄色奶油霜挤出适量雏菊（104号、3号裱花嘴），放入冰箱冷藏变硬，备用。

过程 Step

01-1

01-2

01-3

用剪刀将冷藏变硬的五瓣花和雏菊交错放在蛋糕表面。

02

安装5号裱花嘴，将紫色奶油霜装入裱花袋，在蛋糕底部挤出一圈圆点。

03

用装有绿色淡奶油的裱花袋在奶油花的间隙均匀地挤出叶片。

浪漫温馨的蛋糕裱花

雏菊花束

基本造型：雏菊＋线条

难易度 ★★

常规造型蛋糕装饰

材料 Material

6寸戚风蛋糕坯1个
打发好的奶油霜
打发好的淡奶油

工具 Tool

裱花袋，牙签，剪刀

准备 Ready

配色 Colour

黄色　　紫色　　绿色　　粉色　　原白色

裱花嘴 Nozzle

Wilton104号　Wilton3号　Wilton47号

1. 蛋糕坯夹馅抹面，备用。
2. 将打发好的淡奶油调成绿色，备用。
3. 取适量打发好的奶油霜分成三等份，分别调成粉色、黄色和紫色。安装104号裱花嘴，将调色的奶油霜分别装入裱花袋，挤出雏菊，放入冰箱冷藏变硬，备用。

过程 Step

01
在蛋糕表面用牙签划出雏菊的茎。

02
安装3号裱花嘴，将绿色淡奶油装入裱花袋，按照划痕挤出雏菊的茎。

03
用剪刀将冷藏变硬的雏菊放在茎的顶端，注意错开颜色摆放。

04
安装47号裱花嘴，用紫色奶油霜在蛋糕侧面中间挤一圈，放上一朵五瓣花作为装饰。

浪漫温馨的蛋糕裱花

俏皮流苏

基本造型：
玫瑰花蕾＋贝壳
难易度 ★

常规造型蛋糕装饰

材料 Material
4寸戚风蛋糕坯1个
打发好的淡奶油
打发好的奶油霜

工具 Tool
裱花袋，圆形印花模具，
剪刀，小抹刀，裱花嘴转换器

配色 Colour

粉色　黄色　绿色　原白色

裱花嘴 Nozzle

Wilton104号　Wilton352号　Wilton18号

准备 Ready

1. 蛋糕坯用打发好的淡奶油抹面，备用。
2. 取适量打发好的奶油霜分成三等份，分别调成粉色、黄色和绿色。
3. 用粉色和黄色奶油霜挤出适量玫瑰花蕾（104号裱花嘴），放入冰箱冷藏变硬，备用。

过程 Step

01
用圆形印花模具在蛋糕表面印出一个圆形印痕。

02
用剪刀将冷藏变硬的玫瑰花蕾交错放在印痕上。

03
安装352号裱花嘴，将绿色奶油霜装入裱花袋，在玫瑰花蕾的间隙均匀地挤出叶片。

04
安装18号裱花嘴，将黄色奶油霜装入裱花袋，在蛋糕侧面顶部挤出贝壳。每3个贝壳为一组流苏。

05
在蛋糕底部挤出一圈贝壳围边。

浪漫温馨的蛋糕裱花

献给爱丽丝

基本造型：
玫瑰花蕾＋叶片＋圆点
难易度 ★

常规造型蛋糕装饰

材料 Material
4寸慕斯蛋糕坯1个
打发好的奶油霜
适量银色糖珠

配色 Colour

粉色　绿色

工具 Tool
裱花袋，剪刀，镊子，透明围边，丝带

裱花嘴 Nozzle

Wilton104号　Wilton5号　Wilton352号

准备 Ready

1. 取适量打发好的奶油霜分成二等份，分别调成粉色和绿色。
2. 安装104号裱花嘴，将粉色奶油霜装入裱花袋，挤出适量玫瑰花蕾，放入冰箱冷藏变硬，备用。

过程 Step

01-1

用剪刀将冷藏变硬的玫瑰花蕾交错放在蛋糕中心。

01-2

02

安装352号裱花嘴，将绿色奶油霜装入裱花袋，在玫瑰花蕾边缘挤出叶片。

浪漫温馨的蛋糕裱花

03

安装 5 号裱花嘴，将打发好的奶油霜装入裱花袋，在玫瑰花蕾和叶片的间隙挤出圆点作为装饰。

04-1

用镊子将银色糖珠放置在花朵上作为装饰。

04-2

05

剪取长度适中的透明围边围好蛋糕侧面。

06

最后系上丝带。

常规造型蛋糕装饰

简·爱

基本造型：
玫瑰花苞＋玫瑰花蕾＋叶片
难易度 ★★

浪漫温馨的蛋糕裱花

材料 Material

6寸慕斯蛋糕坯1个
打发好的奶油霜

配色 Colour

粉色　淡粉色　绿色　黄色

工具 Tool

裱花袋，剪刀，树藤印花模具，
裱花嘴转换器

裱花嘴 Nozzle

Wilton103号　Wilton104号　Wilton352号

Wilton3号　Wilton5号

准备 Ready

1. 取适量打发好的奶油霜分成二等份，分别调成粉色和淡粉色，挤出适量玫瑰花蕾和玫瑰花苞（103号、104号裱花嘴），放入冰箱冷藏变硬，备用。
2. 再取适量打发好的奶油霜分成二等份，分别调成绿色和黄色，备用。

过程 Step

01

02-1

02-2

用树藤印花模具在蛋糕表面印出印痕。

安装裱花嘴转换器和3号裱花嘴，将绿色奶油霜装入裱花袋，按照印痕挤出树藤。

常规造型蛋糕装饰

03-1　03-2　03-3

将冷藏变硬的玫瑰花蕾和玫瑰花苞放在树藤上。

04

装有绿色奶油霜的裱花袋更换352号裱花嘴，在花朵边缘挤出叶片。

05

安装5号裱花嘴，将黄色奶油霜装入裱花袋，在蛋糕底边挤出一圈圆点。

浪漫温馨的蛋糕裱花

玫瑰树藤

基本造型：
半开玫瑰＋叶片＋线条
难易度 ★

常规造型蛋糕装饰

材料 Material

6寸戚风蛋糕坯1个
打发好的淡奶油
打发好的棕色奶油霜

配色 Colour

绿色　暗红色　粉色　棕色　原白色

工具 Tool

裱花袋，小抹刀，
剪刀，裱花嘴转
换器

裱花嘴 Nozzle

Wilton16号　Wilton352号

Wilton103号　Wilton3号

准备 Ready

1. 蛋糕坯用打发好的淡奶油抹面，备用。
2. 取适量打发好的淡奶油分成二等份，分别调成暗红色和粉色，挤出适量半开玫瑰（103号裱花嘴），放入冰箱冷藏变硬，备用。
3. 取适量打发好的淡奶油调成绿色，备用。

过程 Step

01-1

01-2

安装裱花嘴转换器和16号裱花嘴，将棕色奶油霜装入裱花袋，在蛋糕顶边挤一圈绳索围边收口。

安装352号裱花嘴，将绿色淡奶油装入裱花袋，在绳索围边上挤出叶片。

02-1

02-2

浪漫温馨的蛋糕裱花

03-1

将冷藏变硬的半开玫瑰放在绳索围边内侧,在半开玫瑰边缘挤出叶片。

03-2

04

在蛋糕底边挤一圈绳索围边。

05

在底边的绳索围边上再挤出一些叶片。

06-1

装有棕色奶油霜的裱花袋更换3号裱花嘴,在蛋糕侧面挤出一些圆点作为装饰。

06-2

常规造型蛋糕装饰

玫瑰花园

基本造型：
玫瑰＋线条＋叶片
难易度 ★

浪漫温馨的蛋糕裱花

材料 Material

6寸戚风蛋糕坯1个（正方形模具烤制）
打发好的奶油霜
打发好的淡奶油

工具 Tool

裱花袋，牙签，小抹刀，裱花嘴转换器

Wilton12号　　Wilton104号

配色 Colour

原白色　淡粉色　粉色　绿色

裱花嘴 Nozzle

Wilton3号　　Wilton352号

准备 Ready

1. 蛋糕坯用打发好的淡奶油抹面，备用。
2. 取适量打发好的淡奶油调成淡粉色。
3. 取适量打发好的奶油霜分成二等份，分别调成绿色和粉色。
4. 安装104号裱花嘴，将粉色奶油霜装入裱花袋，挤出适量玫瑰，放入冰箱冷藏变硬，备用。
5. 安装裱花嘴转换器和3号裱花嘴，将绿色奶油霜装入裱花袋。

过程 Step

01 用小抹刀取适量淡粉色淡奶油，在蛋糕侧面抹出长度一致的长条。

02 用牙签在蛋糕表面四角划出树藤的纹路。

03 用装有绿色奶油霜的裱花袋按照划痕挤出树藤。

常规造型蛋糕装饰

04
将冷藏变硬的玫瑰放在蛋糕表面的对角。

05
装有绿色奶油霜的裱花袋更换352号裱花嘴,在玫瑰边缘挤出叶片。

06
安装3号裱花嘴,将淡粉色淡奶油装入裱花袋,在叶片上挤出圆点。

07-1　　07-2
安装3号裱花嘴,将粉色奶油霜装入裱花袋,围着蛋糕底边挤出一圈圆点围边。

浪漫温馨的蛋糕裱花

花之恋

基本造型：
玫瑰 + 圆点 + 叶片
难易度 ★

常规造型蛋糕装饰

材料 Material

6寸戚风蛋糕坯1个
打发好的淡奶油
打发好的奶油霜

工具 Tool

裱花袋，剪刀

配色 Colour

绿色　暗红色　淡粉色　原白色

裱花嘴 Nozzle

Wilton7号　Wilton104号　Wilton352号

准备 Ready

1. 安装104号裱花嘴，取适量打发好的奶油霜调成暗红色，装入裱花袋，挤出适量玫瑰，放入冰箱冷藏变硬，备用。
2. 取适量打发好的淡奶油调成淡粉色。蛋糕坯表面用打发好的淡奶油抹面，侧面用淡粉色淡奶油抹面，备用。
3. 取适量打发好的奶油霜调成绿色，备用。

过程 Step

01

安装7号裱花嘴，将打发好的淡奶油装入裱花袋，围着蛋糕顶边挤出一圈心形围边。

02

用剪刀将冷藏变硬的玫瑰放在蛋糕表面的中心位置。

浪漫温馨的蛋糕裱花

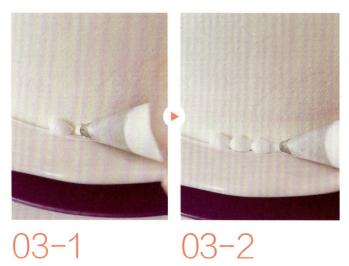

03-1　03-2

再用安装 7 号裱花嘴的淡奶油围着蛋糕底边挤出一圈圆点。

04-1　04-2

安装 352 号裱花嘴，将绿色奶油霜装入裱花袋，在玫瑰边缘挤出叶片。

常规造型蛋糕装饰

满园春色

基本造型：
五瓣花＋玫瑰＋百日菊
难易度 ★★★

浪漫温馨的蛋糕裱花

材料 Material

6寸戚风蛋糕坯1个（正方形模具烤制）
打发好的奶油霜
打发好的棕色奶油霜
打发好的淡奶油
一小块戚风蛋糕坯

配色 Colour

红色　棕色　深绿色　粉色　黄色　原白色

工具 Tool

裱花袋，小抹刀，剪刀

裱花嘴 Nozzle

Wilton18号　Wilton352号　Wilton103号

Wilton104号　Wilton1号　Wilton12号

准备 Ready

1. 蛋糕坯用棕色奶油霜抹面，备用。
2. 取适量打发好的奶油霜分成四等份，分别调成红色、深绿色、粉色和黄色。用调色的奶油霜挤出适量五瓣花、玫瑰、百日菊等奶油花，放入冰箱冷藏变硬，备用。

过程 Step

01
安装18号裱花嘴，将棕色奶油霜装入裱花袋，围绕蛋糕侧面挤一列花篮围边，以此手法将蛋糕侧面填满。

02-1
在蛋糕顶边挤一圈绳索围边收口。

02-2

常规造型蛋糕装饰

在蛋糕中心位置放上修剪好的蛋糕坯,涂抹适量打发好的淡奶油,大致抹匀。

用剪刀将冷藏变硬的百日菊放置在蛋糕表面。

用剪刀将冷藏变硬的玫瑰放置在蛋糕表面。

用剪刀将冷藏变硬的五瓣花放置在蛋糕表面。

安装352号裱花嘴,将深绿色奶油霜装入裱花袋,在奶油花的间隙均匀地挤出叶片。

在蛋糕底边挤一圈绳索围边收口。

浪漫温馨的蛋糕裱花

我心永恒

基本造型：
五瓣花＋玫瑰＋叶片
难易度 ★★

常规造型蛋糕装饰

材料 Material
6寸戚风蛋糕坯1个
打发好的奶油霜

配色 Colour

黄色　绿色　粉色　橙色　淡蓝色

工具 Tool
裱花袋，剪刀，
心形慕斯圈

裱花嘴 Nozzle

Wilton104号　Wilton12号　Wilton1号　Wilton352号　Wilton18号

准备 Ready

1. 取适量打发好的奶油霜分成四等份，分别调成黄色、绿色、粉色和橙色。用调色的奶油霜挤出适量玫瑰和五瓣花（104号、1号、12号裱花嘴），放入冰箱冷藏变硬，备用。
2. 取适量打发好的奶油霜调成淡蓝色，将蛋糕坯抹面，备用。

过程 Step

01 用心形慕斯圈在抹面的蛋糕上印出横跨顶部和侧面的心形印痕。

02 用剪刀将冷藏变硬的奶油花按照心形印痕放在蛋糕上。

03 安装352号裱花嘴，将绿色奶油霜装入裱花袋，在奶油花的间隙均匀地挤出叶片。

04 安装18号裱花嘴，将黄色奶油霜装入裱花袋，在蛋糕顶部外缘挤出半圈贝壳围边。

05 在蛋糕底边挤出一圈贝壳围边。

浪漫温馨的蛋糕裱花

玫瑰绣球

基本造型：玫瑰＋叶片
难易度 ★★

常规造型蛋糕装饰

材料 Material

4寸戚风蛋糕坯1个
打发好的淡奶油
打发好的奶油霜

工具 Tool

裱花袋,剪刀

配色 Colour

黄色　粉色　橙色　紫色　绿色　淡绿色　原白色

裱花嘴 Nozzle

Wilton104号　Wilton12号　Wilton67号

Wilton2号　Wilton352号

准备 Ready

1. 取适量打发好的奶油霜分成三等份,分别调成黄色、粉色和橙色。
2. 用调色的奶油霜挤出适量玫瑰(104号、12号裱花嘴),放入冰箱冷藏变硬,备用。
3. 蛋糕坯用打发好的淡奶油抹面,备用。
4. 取适量打发好的奶油霜分成三等份,分别调成紫色、绿色和淡绿色,备用。

过程 Step

01

将淡绿色奶油霜装入裱花袋,剪一个小口,在蛋糕顶部挤出两圈。

02

用剪刀将冷藏变硬的玫瑰错开颜色放在挤好的圆形奶油霜圈上。

03

安装67号裱花嘴,将紫色奶油霜装入裱花袋,在蛋糕中心挤出一些叶片。

139

浪漫温馨的蛋糕裱花

04

继续挤出紫色的叶片,成为一朵朵绣球花,直至填满玫瑰之间的空白。

05

安装 2 号裱花嘴,将粉色奶油霜装入裱花袋,在叶片中间挤出一个个粉色圆点作为花心。

06

安装 352 号裱花嘴,将绿色奶油霜装入裱花袋,在玫瑰的间隙均匀地挤出叶片。

07

围着蛋糕底部挤出一圈心形的叶片围边。

浪漫温馨的蛋糕裱花

材料 Material

4寸戚风蛋糕坯1个
打发好的淡奶油
打发好的奶油霜
一小块戚风蛋糕坯

工具 Tool

裱花袋，剪刀，小抹刀，裱花嘴转换器

配色 Colour

粉色　橙色　黄色　绿色　淡蓝色

裱花嘴 Nozzle

Wilton103号　Wilton104号　Wilton12号

Wilton1号　Wilton352号　Wilton3号

准备 Ready

1. 取适量打发好的奶油霜分成四等份，分别调成黄色、粉色、橙色和绿色。用调好色的奶油霜挤出适量玫瑰和五瓣花（103号、104号、12号、1号裱花嘴），放入冰箱冷藏变硬，备用。
2. 取适量打发好的奶油霜调成淡蓝色，将蛋糕坯抹面，备用。

过程 Step

01-1

在蛋糕中心位置放上修剪好的蛋糕坯，涂抹适量打发好的淡奶油，大致抹匀。

01-2

02

用剪刀将冷藏变硬的玫瑰放在蛋糕表面。

常规造型蛋糕装饰

03

再放上五瓣花。

04

安装352号裱花嘴,将绿色奶油霜装入裱花袋,在奶油花的间隙均匀地挤出叶片。

05

安装3号裱花嘴,将粉色奶油霜装入裱花袋,在蛋糕底边错落挤出一些大小不一的圆点作为装饰。

常规造型蛋糕装饰

材料 Material
4寸戚风蛋糕坯1个
打发好的奶油霜

工具 Tool
裱花袋，剪刀，裱花嘴转换器

配色 Colour

黄色　橙色　蓝色　绿色

裱花嘴 Nozzle

Wilton104号　Wilton12号

Wilton18号　Wilton352号　Wilton5号

准备 Ready

1. 取适量打发好的奶油霜分成二等份，分别调成黄色和橙色。用黄色和橙色的奶油霜分别挤出数朵玫瑰和玫瑰花蕾（104号、12号裱花嘴），放入冰箱冷藏变硬，备用。
2. 取适量打发好的奶油霜调成蓝色，将蛋糕坯抹面，备用。
3. 取适量打发好的奶油霜分成二等份，分别调成黄色和绿色，备用。

过程 Step

01-1
安装裱花嘴转换器和18号裱花嘴，将绿色奶油霜装入裱花袋，在蛋糕顶部边缘挤出几组波浪花纹。

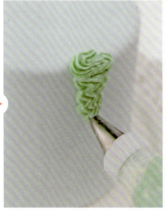

01-2

02
波浪花纹要逐渐收窄，垂到蛋糕侧面。

浪漫温馨的蛋糕裱花

03-1　03-2
用剪刀将冷藏变硬的玫瑰和玫瑰花蕾错开颜色放在蛋糕表面和侧面。

04-1　04-2
装有绿色奶油霜的裱花袋更换352号裱花嘴，在玫瑰的间隙均匀地挤出叶片。

05
安装5号裱花嘴，将黄色奶油霜装入裱花袋，围着蛋糕底部挤一圈圆点围边。

常规造型蛋糕装饰

爱的礼物

基本造型：
玫瑰+线条+叶片
难易度 ★★

浪漫温馨的蛋糕裱花

材料 Material

6寸戚风蛋糕坯1个
（长方形蛋糕模具烤制）
打发好的淡奶油
打发好的棕色奶油霜

工具 Tool

裱花袋，剪刀，小抹刀，裱花嘴转换器

配色 Colour

粉色　　绿色　　橙色　　棕色　　原白色

裱花嘴 Nozzle

Wilton47号　Wilton352号　Wilton104号

Wilton12号　Wilton16号　Wilton3号

准备 Ready

1. 蛋糕坯用打发好的淡奶油抹面，备用。
2. 取适量打发好的淡奶油分成三等份，分别调成粉色、绿色和橙色。用粉色和橙色淡奶油各挤出数朵玫瑰（104号、12号裱花嘴），放入冰箱冷藏变硬，备用。

过程 Step

01-1

01-2

01-3

安装裱花嘴转换器和47号裱花嘴，将棕色奶油霜装入裱花袋，围绕蛋糕侧面挤一列花篮围边，以此手法将蛋糕侧面填满。

常规造型蛋糕装饰

02-1
棕色奶油霜更换16号裱花嘴，在蛋糕顶边和底边各挤一圈绳索围边收口。

02-2

03
将冷藏变硬的玫瑰均匀地放在蛋糕表面。

04
安装352号裱花嘴，将绿色淡奶油装入裱花袋，在玫瑰的间隙均匀地挤出叶片。

05
安装3号裱花嘴，将打发好的淡奶油装入裱花袋，在叶片和玫瑰间挤出圆点作为装饰。

06
在花篮底部放置几朵玫瑰和叶片作为装饰。

浪漫温馨的蛋糕裱花

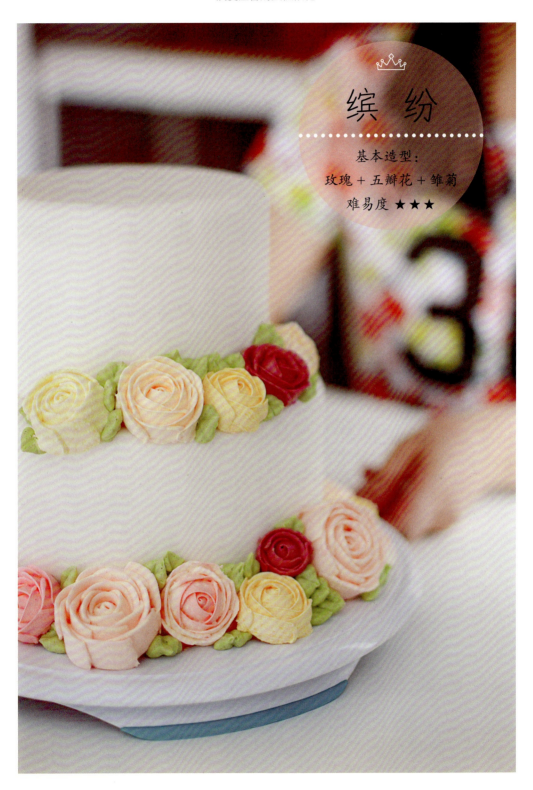

缤 纷

基本造型：
玫瑰＋五瓣花＋雏菊
难易度 ★★★

常规造型蛋糕装饰

材料 Material

8寸慕斯蛋糕坯1个
6寸慕斯蛋糕坯1个
打发好的淡奶油
打发好的奶油霜

配色 Colour

粉色　黄色　紫色　绿色　原白色

裱花嘴 Nozzle

Wilton103号　Wilton104号　Wilton127号　Wilton352号

Wilton12号　Wilton3号　Wilton1号　Wilton2D

工具 Tool

裱花袋，剪刀

准备 Ready

1. 取适量打发好的奶油霜分成三等份，分别调成粉色、黄色和紫色，装入裱花袋，挤出适量五瓣花、雏菊、2D花和玫瑰（103号、104号、127号、1号、3号、2D号裱花嘴），放入冰箱冷藏变硬，备用。
2. 取适量打发好的淡奶油调成绿色，备用。
3. 蛋糕坯分别夹馅，并分别用打发好的淡奶油抹面，备用。

过程 Step

01

将6寸蛋糕坯放在8寸蛋糕坯上。安装12号裱花嘴，将粉色奶油霜装入裱花袋，在6寸蛋糕坯的底部挤出半圈奶油霜。

02-1

02-2

用剪刀将冷藏变硬的奶油花放在挤出的奶油霜上。

浪漫温馨的蛋糕裱花

03
在8寸蛋糕坯的底部挤出半圈粉色奶油霜。

04
用剪刀将冷藏变硬的奶油花放在挤出的奶油霜上。

05
安装352号裱花嘴,将绿色淡奶油装入裱花袋,在奶油花的间隙均匀地挤出叶片。

常规造型蛋糕装饰

梦幻王国

基本造型：
玫瑰＋五瓣花＋叶片
难易度 ★★

浪漫温馨的蛋糕裱花

材料 Material

8寸慕斯蛋糕坯1个
（正方形蛋糕模具烤制）
打发好的奶油霜
适量糖珠

配色 Colour

粉色　黄色　淡绿色　绿色　紫色　原白色

工具 Tool

裱花袋，剪刀，镊子

裱花嘴 Nozzle

Wilton103号　Wilton104号　Wilton127号

Wilton352号　Wilton1号　Wilton3号　Wilton12号

准备 Ready

1. 取适量打发好的奶油霜分成三等份，分别调成粉色、紫色和黄色，挤出适量玫瑰和五瓣花（103号、104号、127号、1号、3号、12号裱花嘴），放入冰箱冷藏变硬，备用。
2. 取适量打发好的奶油霜分成二等份，分别调成淡绿色和绿色，备用。

过程 Step

01-1

01-2

用剪刀将冷藏变硬的奶油花交错放在蛋糕的对角线上。

常规造型蛋糕装饰

02
安装 352 号裱花嘴，将绿色奶油霜装入裱花袋，在奶油花的间隙均匀地挤出叶片。

03
安装 3 号裱花嘴，将淡绿色奶油霜装入裱花袋，在叶片的间隙挤出圆点。

04
用镊子将糖珠放在蛋糕上作为装饰。

浪漫温馨的蛋糕裱花

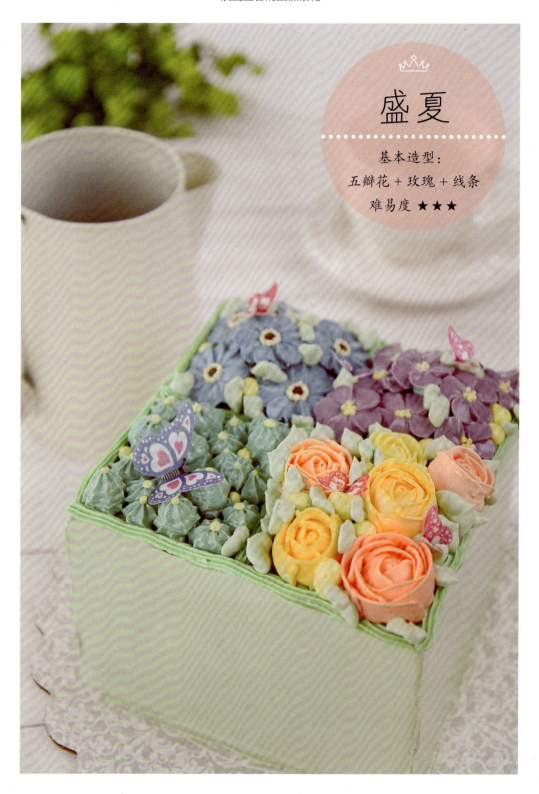

盛夏

基本造型：
五瓣花＋玫瑰＋线条
难易度 ★★★

常规造型蛋糕装饰

材料 Material

6寸戚风蛋糕坯1个
（正方形模具烤制）
打发好的奶油霜

配色 Colour

淡绿色　绿色　深绿色　黄色　粉色　紫色　蓝色

裱花嘴 Nozzle

Wilton18号　Wilton104号　Wilton103号　Wilton352号

Wilton1号　Wilton3号　Wilton12号

工具 Tool

裱花袋，小抹刀，
剪刀，裱花嘴转换器

准备 Ready

1. 取适量打发好的奶油霜调成淡绿色，将蛋糕坯大致抹面。
2. 取适量打发好的奶油霜分成五等份，分别调成绿色、黄色、粉色、紫色和蓝色。用调好色的奶油霜挤出适量五瓣花、玫瑰和樱花等奶油花（104号、103号、1号、12号裱花嘴），放入冰箱冷藏变硬，备用。
3. 取适量打发好的奶油霜调成深绿色，备用。

过程 Step

01

安装裱花嘴转换器和18号裱花嘴，将绿色奶油霜装入裱花袋，在蛋糕顶部挤出一圈田字形围边。

02

安装18号裱花嘴，将深绿色奶油霜装入裱花袋，距离蛋糕表面3mm均匀用力，挤出一个大星星，然后慢慢向上堆叠至形成一个花苞。以此手法挤满一个格子。

浪漫温馨的蛋糕裱花

03-1　03-2　03-3

用剪刀将冷藏变硬的五瓣花、玫瑰和樱花等分别放入其余几格。

04　05-1　05-2

安装3号裱花嘴，将黄色奶油霜装入裱花袋，在花苞上挤出圆点点缀。

安装352号裱花嘴，将淡绿色奶油霜装入裱花袋，在奶油花的间隙均匀地挤出叶片。

异形蛋糕装饰

敞篷花车

基本造型：
星星＋玫瑰＋叶片
难易度 ★★

浪漫温馨的蛋糕裱花

材料 Material

戚风蛋糕坯1个（8寸汽车模具烤制）
打发好的淡奶油
打发好的奶油霜
适量奥利奥饼干，适量黑巧克力币

工具 Tool

裱花袋，烘焙用纸，蛋糕分片器，剪刀

配色 Colour

棕色　　蓝色　　绿色　　原白色

裱花嘴 Nozzle

SN7085号　　Wilton104号

Wilton352号　　Wilton12号

准备 Ready

1. 将烤好的汽车蛋糕坯水平分割成三等份，夹馅抹面备用。
2. 取适量黑巧克力币隔水加热融化，在烘焙用纸上挤出两个大小相同的汽车前灯、两个后视镜和一个挡风玻璃框，放入冰箱冷藏变硬，备用。
3. 取适量打发好的奶油霜分成三等份，分别调成棕色、蓝色、绿色。用蓝色奶油霜挤出适量玫瑰（104号、12号裱花嘴），放入冰箱冷藏变硬，备用。

过程 Step

01
安装7085号裱花嘴，将打发好的淡奶油装入裱花袋，在蛋糕表面挤满星星。

02
安装7085号裱花嘴，将棕色奶油霜装入裱花袋，在蛋糕顶部挤一圈星星。

异形蛋糕装饰

03
调整好距离,在蛋糕两侧各放 2 块奥利奥饼干,作为车轮。

04
继续用棕色奶油霜,用挤星星的手法将蛋糕底部边缘及车轮等位置挤出星星围边。

05
将冷藏变硬的巧克力挡风玻璃框放在蛋糕表面中间的位置。

06
用剪刀将冷藏变硬的玫瑰放在蛋糕顶部后半部分位置。

07
将冷藏变硬的汽车前灯和后视镜安装好。

08
安装 352 号裱花嘴,将绿色奶油霜装入裱花袋,在玫瑰的间隙均匀地挤出叶片。

浪漫温馨的蛋糕裱花

最爱凯蒂猫

基本造型：星星 + 波浪花纹

难易度 ★★

异形蛋糕装饰

材料 Material

6寸戚风蛋糕坯1个
（凯蒂猫蛋糕模具烤制）
打发好的淡奶油
适量黑巧克力币
适量白巧克力币

工具 Tool

裱花袋，裱花袋，烘焙用纸

配色 Colour

黄色　红色　棕黑色　原白色

裱花嘴 Nozzle

Wilton21号

准备 Ready

1. 打印凯蒂猫图案，尺寸要比蛋糕表面略小。裁剪出大小合适的烘焙用纸覆盖在凯蒂猫图案上固定好。
2. 黑巧克力币隔水加热融化；白巧克力币隔水加热融化后调成黄色，备用。

3. 将融化的黑巧克力装入裱花袋，按照凯蒂猫图案在烘焙用纸上挤出眼睛和胡须；将融化的黄巧克力装入裱花袋，挤出鼻子。都放入冰箱冷藏变硬，备用。
4. 蛋糕坯用打发好的淡奶油抹面，备用。
5. 取适量打发好的淡奶油调成红色，备用。

浪漫温馨的蛋糕裱花

过程 Step

01
安装 21 号裱花嘴,将打发好的淡奶油装入裱花袋,用挤星星的手法将蛋糕表面及侧面挤满。

02
安装 21 号裱花嘴,将红色淡奶油装入裱花袋,在凯蒂猫右耳处叠加挤一层星星,作为圣诞帽。

03
用打发好的淡奶油在红色星星外缘挤出一条波浪花纹,作为帽子花边。

04
继续用打发好的淡奶油用挤星星的手法挤出帽子上的毛球。

05-1
将冷藏变硬的眼睛、胡须和鼻子放在相应位置固定好。

05-2

浪漫温馨的蛋糕裱花

材料 Material

6寸芝士蛋糕坯1个
（凯蒂猫蛋糕模具烤制）
打发好的淡奶油
打发好的奶油霜
适量黑巧克力

工具 Tool

裱花袋，剪刀

准备 Ready

配色 Colour

粉色　蓝色　黄色　绿色　玫红色　黑色　原白色

裱花嘴 Nozzle

Wilton21号　　Wilton103号　　Wilton3号

Wilton1号　　Wilton352号

1. 取适量打发好的奶油霜分成三等份，分别调成粉色、蓝色和黄色，装入裱花袋，挤出适量五瓣花和樱花（103号、3号、1号裱花嘴），放入冰箱冷藏变硬，备用。
2. 取适量打发好的奶油霜调成绿色，备用。

过程 Step

01

黑巧克力隔水加热融化后装入裱花袋，剪出小口，填满凯蒂猫的眼睛和胡子。

02

安装21号裱花嘴，将打发好的淡奶油装入裱花袋，在蛋糕底部挤出一圈贝壳围边。

03

用剪刀将冷藏变硬的五瓣花和樱花放在凯蒂猫的蝴蝶结上和蛋糕底部围边上。

04

安装352号裱花嘴，将绿色奶油霜装入裱花袋，在奶油花的间隙均匀地挤出叶片。

异形蛋糕装饰

圣诞雪人

基本造型：线条＋贝壳
难易度 ★★

浪漫温馨的蛋糕裱花

材料 Material

6寸戚风蛋糕坯2个
打发好的淡奶油
打发好的奶油霜
适量黑巧克力、草莓、糖粉

工具 Tool

裱花袋，筛网，裱花嘴转换器，
烘焙用纸，锯齿刀

配色 Colour

棕色　绿色　原白色

裱花嘴 Nozzle

Wilton233号　　Wilton352号　　Wilton3号

Wilton12号　　Wilton18号

准备 Ready

1. 将一个蛋糕坯对半切开，取其中一半，备用。
2. 取适量打发好的奶油霜分成二等份，分别调成棕色和绿色。
3. 隔水加热融化黑巧克力，装入裱花袋，在烘焙用纸上挤出几个"井"字形栅栏。

过程 Step

01-1

01-2

将半个蛋糕坯放在另一个蛋糕坯顶上，然后用打发好的淡奶油抹面。安装裱花嘴转换器和233号裱花嘴，将绿色奶油霜装入裱花袋，将底层蛋糕表面挤满，作为草地。

02

将两颗草莓在从顶部1/3处水平切开，较大的一半放在草地上，切面向上。

异形蛋糕装饰

03-1

安装12号裱花嘴,将打发好的淡奶油装入裱花袋,在草莓上挤出一个大圆点,然后盖上草莓较小的一半。

03-2

04

用融化的黑巧克力在圆点上挤出雪人的眼睛和嘴。

05

将冷藏变硬的"井"字形栅栏放在底层蛋糕外缘。

06-1

安装裱花嘴转换器和3号裱花嘴,将棕色奶油霜装入裱花袋,在顶层蛋糕的外缘挤出一圈树藤围边。

06-2

浪漫温馨的蛋糕裱花

07-1

07-2

装有绿色奶油霜的裱花袋更换352号裱花嘴,在树藤围边上挤出一些叶片作为装饰。

08

筛网中装入适量糖粉,均匀过筛,撒在雪人身上和蛋糕表面。

09

装有棕色奶油霜的裱花袋更换18号裱花嘴,在蛋糕底部挤出一圈贝壳围边。

异形蛋糕装饰

唯一的心

基本造型：
五瓣花＋樱花＋叶片
难易度 ★

浪漫温馨的蛋糕裱花

材料 Material

6寸慕斯蛋糕坯1个
（心形蛋糕模具烤制）
打发好的奶油霜
适量可可粉

配色 Colour

棕色　粉色　淡粉色　黄色　绿色

裱花嘴 Nozzle

Wilton103号　Wilton3号　Wilton1号

Wilton5号　Wilton352号

工具 Tool
裱花袋，小筛网

准备 Ready

1. 取适量打发好的奶油霜分成三等份，分别调成粉色、淡粉色和黄色，挤出适量五瓣花和樱花（103号、3号、1号裱花嘴），放入冰箱冷藏变硬，备用。
2. 取适量打发好的奶油霜调成绿色，备用。

过程 Step

筛网中装入适量可可粉，均匀过筛在蛋糕表面上。

将冷藏变硬的五瓣花和樱花交错放在蛋糕边缘。

安装352号裱花嘴，将绿色奶油霜装入裱花袋，在奶油花边缘挤出叶片。

04
安装5号裱花嘴，将打发好的奶油霜装入裱花袋，在蛋糕底部挤出一圈圆点。

爱意绵绵

基本造型：
五瓣花＋樱花＋玫瑰
难易度 ★★

浪漫温馨的蛋糕裱花

材料 Material

6寸慕斯蛋糕坯1个
（心形蛋糕模具烤制）
打发好的奶油霜
巧克力生日牌

配色 Colour

粉色　蓝色　紫色　黄色　绿色　原白色

裱花嘴 Nozzle

SN7085号　Wilton103号　Wilton3号

Wilton1号　Wilton352号

工具 Tool

裱花袋，剪刀

准备 Ready

1. 取适量打发好的奶油霜分成四等份，分别调成粉色、蓝色、紫色和黄色，挤出适量五瓣花、樱花和玫瑰（103号、3号、1号裱花嘴），放入冰箱冷藏变硬，备用。
2. 取适量打发好的奶油霜调成绿色，备用。

过程 Step

01-1

01-2

安装7085号裱花嘴，将打发好的奶油霜装入裱花袋，在蛋糕表面左侧挤出两行玫瑰花结。

异形蛋糕装饰

用剪刀将冷藏变硬的奶油花放在玫瑰花结上，覆盖住玫瑰花结。

安装3号裱花嘴，将黄色奶油霜装入裱花袋，在蛋糕顶部外缘挤出半圈心形围边。

安装352号裱花嘴，将绿色奶油霜装入裱花袋，在左侧奶油花的间隙均匀地挤出叶片。

05
在蛋糕表面空白处放上巧克力生日牌。

06
用安装7085号裱花嘴的裱花袋围着蛋糕底边挤出一圈贝壳围边。

浪漫温馨的蛋糕裱花

表白

基本造型：
五瓣花＋樱花＋玫瑰花结
难易度 ★

异形蛋糕装饰

材料 Material
8寸、6寸心形慕斯蛋糕坯各1个
（心形蛋糕模具烤制）
打发好的奶油霜
适量可可粉

配色 Colour

粉色　蓝色　紫色　黄色　棕色　绿色　原白色

工具 Tool
裱花袋，装饰牌，蛋糕铲，剪刀，筛网，裱花嘴转换器

裱花嘴 Nozzle

SN7085号　　Wilton103号　　Wilton3号

Wilton1号　　Wilton352号

准备 Ready

1. 取适量打发好的奶油霜分成四等份，分别调成粉色、蓝色、紫色和黄色，挤出适量五瓣花、樱花和玫瑰（103号、3号、1号裱花嘴），放入冰箱冷藏变硬，备用。
2. 取适量打发好的奶油霜调成绿色，备用。

过程 Step

01 筛网中装入适量可可粉，均匀过筛，撒在6寸蛋糕坯表面。

02 用蛋糕铲将6寸蛋糕坯放在8寸蛋糕坯上，右侧边缘对齐。

03 安装7085号裱花嘴，将打发好的奶油霜装入裱花袋，在8寸蛋糕坯表面左侧挤满玫瑰花结。

浪漫温馨的蛋糕裱花

04 用剪刀将冷藏变硬的五瓣花和樱花交错放在玫瑰花结上,覆盖住玫瑰花结。

05 安装352号裱花嘴,将绿色奶油霜装入裱花袋,在左侧奶油花的间隙中均匀地挤出叶片。

06 在6寸蛋糕坯表面插上装饰牌。

异形蛋糕装饰

足球

基本造型：星星＋线条

难易度 ★★

浪漫温馨的蛋糕裱花

材料 Material

6寸半圆形戚风蛋糕坯1个（SN6864足球模具烤制）
打发好的淡奶油

工具 Tool

裱花袋，烘焙用纸，牙签，裱花嘴转换器

配色 Colour

黑色　原白色

裱花嘴 Nozzle

Wilton21号　　Wilton3号

准备 Ready

1. 打印足球图案，用烘焙用纸按打印图案裁剪出五边形和六边形，备用。
2. 蛋糕坯夹馅抹面（由于蛋糕表面还需要裱花，所以抹薄薄一层淡奶油即可），备用。
3. 取适量打发好的淡奶油调成黑色，备用。

过程 Step

01

将裁剪好的烘焙用纸盖在蛋糕表面，用牙签描出五边形的轮廓。

02-1

安装裱花嘴转换器和21号裱花嘴，将黑色淡奶油装入裱花袋，用挤星星的手法填满五边形。

02-2

03-1

03-2

紧挨五边形的一条边，将裁剪好的六边形烘焙用纸盖在蛋糕表面，用牙签描出六边形的轮廓。安装21号裱花嘴，将打发好的淡奶油装入裱花袋，用挤星星的手法填满六边形。以此手法挤满蛋糕的表面，形成足球的形状。

异形蛋糕装饰

装有黑色淡奶油的裱花袋更换 3 号裱花嘴，描出六边形的边框。

图书在版编目（CIP）数据

玩美 蛋糕裱花魔法进阶 / 梁凤玲（Candy）著. -- 青岛：青岛出版社, 2015.10
（玩美）
ISBN 978-7-5552-3074-8
Ⅰ. ①玩… Ⅱ. ①梁… Ⅲ. ①蛋糕 – 糕点加工 Ⅳ. ①TS213.2
中国版本图书馆CIP数据核字(2015)第234716号

书　　　名	玩美 蛋糕裱花魔法进阶
编　　著	梁凤玲（Candy）
摄 影 摄 像	王辉和　王健和
全 案 策 划	格润生活
出 版 发 行	青岛出版社
社　　　址	青岛市海尔路182号（266061）
本 社 网 址	http://www.qdpub.com
邮 购 电 话	13335059110 0532-85814750 （传真）0532-68068026
责 任 编 辑	周鸿媛
制　　　版	青岛艺鑫制版印刷有限公司
印　　　刷	青岛海蓝印刷有限责任公司
出 版 日 期	2016年1月第1版 2016年1月第1次印刷
开　　　本	16开（710毫米×1010毫米）
印　　　张	12
书　　　号	ISBN 978-7-5552-3074-8
定　　　价	45.00元（附赠教学DVD光盘）

编校印装质量、盗版监督服务电话：4006532017　　0532-68068638
印刷厂服务电话：4006781235

建议陈列类别：美食类 烘焙类

活动蛋糕模

- 美丽的鲜艳色彩打造烘焙好心情！
- 随性的依照自己的心情使用不同的蛋糕模，自在不受限！
- 一次拥有平板与空心模，不需再另外购买蛋糕模。让你聪明购买、节省荷包、灵活运用！

〔裱花新势力〕 玩转裱花，感受舌尖上的艺术

展艺，中国家用烘焙品牌，自2011年以来，展艺一直致力于将烘焙变成一种快乐的生活体验，同时也是"轻松自家制"健康烘焙理念的倡导者。展艺专注于家庭烘焙市场，产品线包括烘焙器具、模具、工具、原料及包装，能够一站式满足家庭客户的需求。展艺产品设计新颖，品质卓越，同时注重功能的实用性以及在技术上的创新，这些优势帮助展艺在中国拥有了众多的爱好者。